交通安全知识系列手册

自行车骑车人篇

公安部交通管理局　编

内容提要

本手册介绍了自行车与电动自行车骑车人安全文明出行常识，以及常见不安全骑行行为的潜藏隐患。书中还以“小知识”的形式讲解了一些自行车相关知识。

本手册可供自行车与电动自行车骑车人学习参考。

图书在版编目(CIP)数据

交通安全知识系列手册．自行车骑车人篇／公安部交通管理局编．—北京：人民交通出版社股份有限公司，2014.11

ISBN 978-7-114-11850-0

Ⅰ．①交… Ⅱ．①公… Ⅲ．①交通安全教育－普及读物 Ⅳ．① X951-49

中国版本图书馆 CIP 数据核字 (2014) 第 266176 号

Jiaotong Anquan Zhishi Xilie Shouce——Zixingche Qicheren Pian

书　　名：交通安全知识系列手册——自行车骑车人篇
著 作 者：公安部交通管理局
责任编辑：何　亮　范　坤　杨丽改
出版发行：人民交通出版社股份有限公司
地　　址：(100011) 北京市朝阳区安定门外外馆斜街 3 号
网　　址：http://www.ccpress.com.cn
销售电话：(010)59757973
总 经 销：人民交通出版社股份有限公司发行部
经　　销：各地新华书店
印　　刷：北京盛通印刷股份有限公司
开　　本：880 × 1230　1/32
印　　张：1.5
字　　数：35 千
版　　次：2015 年 1 月　第 1 版
印　　次：2019 年 6 月　第 4 次印刷
书　　号：ISBN 978-7-114-11850-0
定　　价：9.50 元

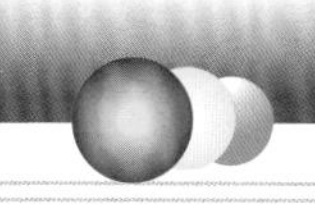

编写组

Bianxiezu

组　长：许甘露

副组长：刘　钊

成　员：张　明　刘　艳　范　立　何　亮
刘春雨　赵素波　袁　凯　赵伟敏
赵晓轩　马继飙　朱丽霞　李　君
范　坤

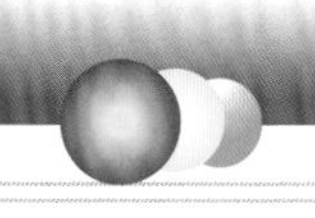

文明交通　安全出行

我们共同的期盼

近年来，随着经济社会的快速发展，我国机动车、驾驶人数量迅猛增长。截至目前，全国机动车保有量超过 2.6 亿辆，驾驶人突破 3 亿人，平均 5.2 人拥有 1 辆机动车，4.5 人中有 1 名驾驶人，仅仅十余年时间，我们就走完了发达国家半个多世纪的“汽车社会”发展历程。

在党中央国务院和各级党委政府的高度重视下，相关部门戮力同心，警民携手紧密合作，全社会积极参与共同努力，我国道路交通安全形势保持总体平稳态势。但是，由于人、车、路矛盾持续加大，城乡文明交通整体水平滞后于汽车时代发展要求，全国每年发生的严重交通违法行为数以亿计，交通陋习、安全隐患大量存在，因交通事故造成的死伤人数高达数十万，形势依然非常严峻。

为帮助广大交通参与者进一步增强法治交通和文明交通理念，提升交通安全意识与自我保护能力，推动形成人人自觉守法出行的社会风尚，减少交通违法行为以及由此引发的道路交通事故，公安部交通管理

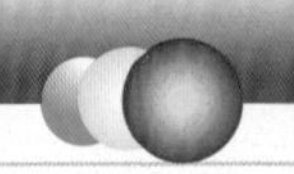

局组织专家，针对客运驾驶人、货运驾驶人、私家车驾驶人、自行车骑车人、少年儿童、城市新市民等参与道路交通的六类主要群体编写了《交通安全知识系列手册》。手册中的知识点和警示点是从道路交通管理工作中发现的突出问题以及许许多多惨痛的事故教训中总结提炼出来的，既辅以生动的图示，又佐以案例说明，相信这套手册对于传播交通安全知识、强化文明交通理念、保障人民群众出行平安将大有助益。

朋友们，良好的交通环境需要每一个人躬亲践行。衷心希望这套手册能为您出行提供专业、实用的建议，希望您将交通文明理念、交通安全知识传递给亲朋好友，大家共同树立法治观念、增强规则意识、养成文明习惯，推动中国汽车社会文明梦早日实现！

编写组

2015 年 1 月

目 录

骑车出行防意外　各行其道最安全

1. 骑车要在非机动车道行驶

倡导绿色出行的城市，骑自行车和电动自行车的群体日益庞大。很多人为了健康和环保，又重新加入到骑车上班和外出的行列。但由于自行车和电动自行车的稳定性差、安全系数较低，闯入机动车道，很容易引发碰撞事故，非常危险。

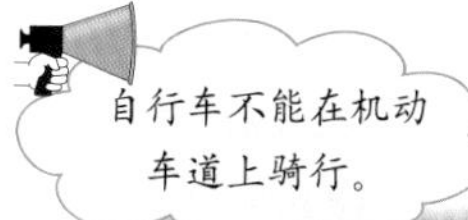

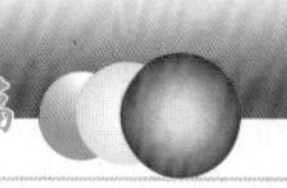

自行车和电动自行车都属于非机动车，一定要在非机动车道行驶。在没有划分非机动车道的路段，要靠道路右侧行驶，注意观察前方路况，同时要留心后方的机动车。一旦发现后方有大型机动车高速驶来，要立即减速或下车，以防被机动车尾部涡流形成的吸力带倒。

小知识

路边骑车存在哪些危险性？

大型机动车高速行驶时，两侧的疾风和车尾的涡流在车辆周围形成一个较大的真空区，车辆附近的人能感觉到一股劲风将自己往车身上吸，车速越快，吸力越大。由于自行车的稳定性差，控制车把完全依靠手臂力量，这种吸力会使骑车人把握不住车把而被吸近车身，进而发生危险。而大型机动车经过后，这种吸力突然消失，骑车人由于惯性仍然保持反方向用力，造成自行车向另一边偏移，也容易引发事故。

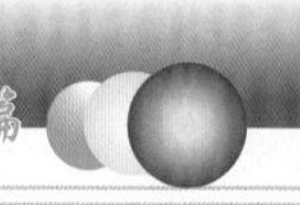

持物骑车不稳定　双手握把控方向

2. 骑车要双手握把

骑车时一手握把一手提物，容易因失去平衡而摔倒。在道路上骑车逞能，双手撒把，稳定性更差，危险性极大，一旦摔倒或驶入机动车道，容易发生车毁人亡的交通事故。

在道路上骑车，要双手握稳车把，在非机动车道或靠道路右侧行驶。骑车时不要单手握把或提物，更不能双手撒把，以免失控摔倒或驶入机动车道与汽车发生碰撞。

低头骑车危险大 不急不躁保平安

3. 切忌低头猛骑自行车

骑车人为了赶时间，往往低头猛骑，使本来就不稳定的自行车晃动得更加厉害，很容易失去平衡而摔倒。如果遇到紧急状况，来不及作出应急反应，很可能发生危险。

骑自行车时要保持良好、平和的心态，专心且集中精力，两眼平视前方，仔细观察路况，留心身边的车辆，时刻做好应急准备。不要为赶时间，低头猛骑，以免发生事故，造成终身遗憾。

盲目超越不安全　注意动态莫绕行

4. 超越停放机动车注意避让

道路上经常会有机动车临时在路边停放，骑车超越机动车时，如果离得太近，有可能被突然打开的车门撞倒，非常危险。

超越停放在路边的机动车时，要仔细观察其动态，注意机动车的灯光信号。公交车驶出港湾式车站或起步时，会开启左转向灯；出租车上下乘客在路边短时停车后，会很快起步；机动车驾驶人转头观察左侧路况或车轮向

左侧转动，表示机动车即将驶离路边。遇到以上情况，要及时减速或者停车。

小知识

如何超越停放的机动车?

从停在路边的车辆旁边经过时，要保持 1.5 米以上的横向安全距离。否则，一旦车内有人打开车门或者车辆突然起步，会发生剐碰事故。如果道路太窄无法保持足够的安全距离，要及时减速，观察车内驾驶人的动作，随时准备停车，避免发生危险。

红灯抢行险象生　停止线外待放行

5. 路口遵守停止信号

前方路口红灯亮时，如果强行闯过停止线骑行，可能与其他方向的车辆发生碰撞，也会影响人行横道上的行人通行。另外，等候放行时越过停止线，会阻碍右转弯车辆通行，也容易被右转弯机动车撞倒。

闯红灯是严重违法行为，容易引发事故。

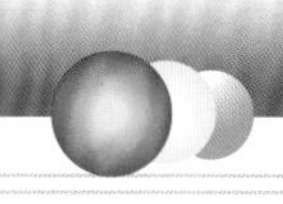

骑车在路口遇到红灯亮时，要依次停在停止线以外；没有停止线的，要停在路口以外。由于自行车从减速到停车需要一些时间，因此，在路口要预先观察交通信号，发现交通信号为红灯或黄灯时，要提前减速停车。遇交通信号灯和交警指挥不一致时，要服从交警的指挥。

转弯抢行致拥堵　路口左转让直行

6. 路口左转让直行

骑车在路口左转弯与直行机动车抢行，机动车驾驶人会因来不及制动而引发严重的交通事故。特别是在路口车多的情况下，在机动车道强行穿插骑行或者借用机动车道左转弯，会造成或加剧拥堵。

随意穿插会扰乱通行秩序，引发剐碰事故。

骑车在路口左转弯，要先减速，观察路口情况，遇有直行的车辆、行人通行时，及时下车让行。如果左转一次不能通过路口，可在安全岛或二次过街等待区停车等待，等下一个绿灯亮时，再通过路口。

左转弯不能妨碍机动车正常通行。

骑车猛拐险情多　提前伸手示意行

7. 转弯前伸手示意或打转向灯

骑自行车或电动自行车转弯时，不考虑其他车辆和行人，突然猛拐或者抢行，会造成后方车辆避让不及，进而引发碰撞事故。

骑车在道路上转弯时，要减速慢行，伸手示意或提前打转向灯，随时密切观察转弯一侧道路上的情况，确认安全后转弯。右转弯靠路右侧，左转弯要先直行通过路口，等待相交路口方向绿灯亮时再左转，这种左转方式可最大限度地确保自身安全。

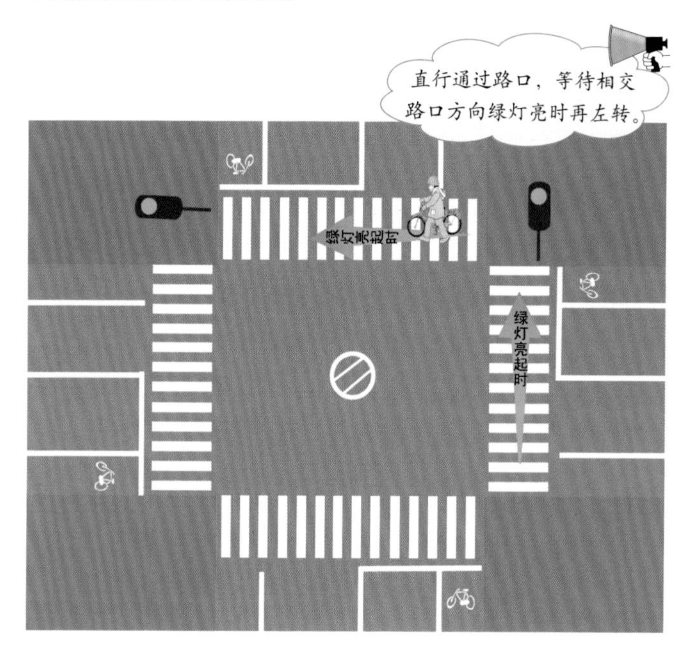

老人骑车隐患多　量力而行是关键

8. 老人骑车须量力而行

老年人不具备紧急情况处置能力，骑车上路非常危险。听力下降的老年人，不易听到车辆和喇叭的声音。患有心脏病、高血压等疾病的老年人骑车，易出现意外。

老年人，尤其是视力、听力较差的老年人尽量不要骑车上路。身体健康的老人可以骑稳定性较好的三轮自行车。在路上骑车要慢行；遇车流量大、人流密集的地方要下车推行；感到体力不支时，尽快下车休息，确保安全。

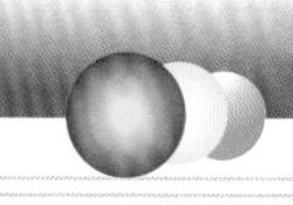

违法骑车藏祸端　年龄不够莫骑行

9. 骑车上路须符合年龄要求

12 周岁以下儿童观察判断能力、行为控制能力、应急反应能力、动作协调能力均较差，对交通知识了解不多，骑自行车上路潜藏着很多安全隐患。必须年满 12 周岁才能骑自行车。

电动自行车的车速远高于脚踏自行车。未满 16 周岁的少年儿童，其身体素质、心理素质等条件均不适合骑电动自行车。必须年满 16 周岁才能骑电动自行车。

横过道路险情生　下车推行最安全

10. 横过道路下车推行

骑车横穿机动车道，会干扰正常行驶的车辆，让机动车驾驶人措手不及，容易引发交通事故。

骑车横过道路要下车推行，走人行横道、过街天桥或地下通道等行人过街设施。在没有过街设施的路段横过道路时，注意观察双向机动车的通行情况，确认安全后再通过。

使用手机易出事　骑车不要戴耳机

11. 骑车不要分散注意力

骑车时使用手机会分散骑车人的注意力，影响对道路情况的观察和判断，如遇突发情况，骑车人无法及时采取避让措施。另外，骑车时使用手机单手握把，不易控制行车方向，一旦与其他车辆或行人剐蹭或碰撞，轻者引起纠纷，重者酿成伤亡事故。

骑车打手机不易
控制行车方向。

骑车人戴耳机听音乐、广播，会影响听觉，无法及时听到外界的各种声音。一旦遇到特殊情况，骑车人往往会出现反应迟缓、判断失误、避让不及等情况，进而引发交通事故。

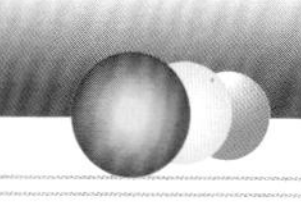

并排骑行易摔倒　追逐竞驶藏隐患

12. 骑车并行追逐危险大

在道路上骑车时，两人或多人并排行驶，侵占路幅大，影响其他车辆通行。如果两人或多人扶身并行，一人重心不稳摔倒，会引发连锁反应，此时，如果后方行驶的车辆避让不及，将造成更大的伤害。

骑自行车在人多的地方超车或在道路上互相追逐、曲折竞驶，非常危险，容易出现碰撞或者摔倒的现象。如果追逐时侵占机动车道，与机动车发生剐碰，就会危及生命。

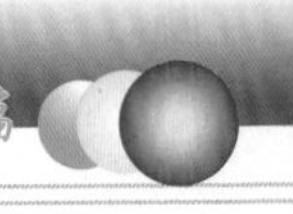

醉酒骑车风险高　珍爱生命要自重

13. 酒后骑车事故多

人在饮酒后运动机能下降，反应迟钝，行动迟缓，甚至无法控制自己。如果醉酒后骑车上路，会出现不能正确控制车辆、曲线行驶、摔倒、闯红灯等行为，严重的会与其他车辆或行人相撞。

切记，酒后禁止骑自行车。生命只有一次，要爱惜和尊重自己的生命，提高交通安全意识和自我保护意识，为了自己和家人的幸福，自觉做到“喝酒不骑车，骑车不喝酒”。

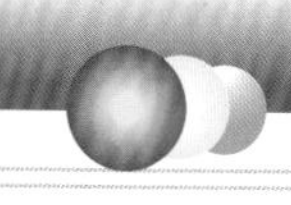

骑车载人易摔倒 上路行驶不负重

14. 骑车载人负重易摔倒

骑车载人或载物过重时，整体重心后移，车把会出现轻飘感，稳定性变差，同时惯性增大，制动距离加长，控制车的难度随之增大。载物越重，危险性越高。

为了出行安全，骑车尽量不要装载过重的物体。需要载物时，要考虑自行车负重后的安全性能，注意自我保护，不违反有关规定。

小知识

自行车载物要求

载物长度前端不得超出车轮，后端不得超出车身 0.3 米，载物宽度不得超出左右车把各 0.15 米，载物高度离地面不得超过 1.5 米。

骑车攀扶太冒险　莫拿生命当儿戏

15. 骑车攀扶危及生命

骑车攀扶机动车，是非常危险的行为。攀扶时自行车被机动车牵制，一旦机动车速度、方向发生变化，会造成骑车人慌乱，自行车失控。如果机动车转弯、躲避障碍物、减速或紧急制动，瞬间就会把自行车带倒，甚至引发车毁人亡的交通事故。

骑自行车也要遵守交通规则，不逞强，不要为了“省力”或图一时痛快，冒险攀扶机动车。遇逆风、上坡或骑车吃力时，即便行驶速度很慢的机动车也不能攀扶。感到疲劳时，可下车在路边适当休息，待体力恢复后再骑车前行。

随意停车碍通行　规矩停放守秩序

16. 有序停放自行车

乱停乱放自行车直接影响城市的交通环境和形象。占用非机动车道停放自行车，导致其他骑车人被迫占用机动车道通行，既不安全，又影响机动车正常行驶。在医院周边道路随意停放自行车，会妨碍救护车顺利通过，延误抢救伤病员的时间。在临街的学校门前无序停放自行车，不仅影响学生的正常通行，还会造成

乱停自行车严重影响交通秩序！

学校周边道路拥堵。占用盲道停放自行车，则会对通行的盲人造成伤害。

自行车应停放到停车点或停车场。在未设置自行车停放点的地方，要有序整齐地停放，不能占用机动车道、非机动车道和盲道停车。

小知识

我国自行车租赁现状

我国许多大城市已经开展了自行车租赁业务。在一些大城市，只要在租车处将具有租车功能的 IC 卡放在公共自行车锁上刷卡，就可以轻松租赁到具有统一标识的自行车。还车时，只需将所租的自行车推入公共自行车锁定装置进行锁止，并再次刷 IC 卡即可支付租金并还车。同时，很多城市都规定在一定时间段内公共自行车可免费使用，如浙江省杭州市、山西省太原市的公共自行车在 1 小时内免费使用，而湖南省株洲市的公共自行车在 3 小时内免费使用。

打伞骑车挡视线　鲜艳雨衣最安全

17. 雨天骑车不打伞

雨天骑车打伞，虽能遮雨，却非常危险。下雨时路面湿滑，加上雨伞兜风、遮挡视线，自行车容易失去平衡而摔倒。另外，骑车人一手握把一手撑伞，会使本来就晃晃悠悠的自行车变得更不稳定，一旦摔倒很可能造成人身伤害。

打伞骑车
容易摔倒!

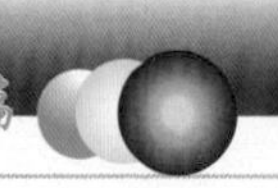

要确保雨天骑车安全，最好的办法是穿一件颜色鲜艳的雨衣，这样既能遮雨又能挡风。更重要的是雨天能见度较低，鲜艳的雨衣使骑车人更加醒目，容易引起机动车驾驶人和其他骑车人的注意。如果雨下得很大，尽量不要骑车外出，等到雨停或雨变小后再出去会更安全。

鲜艳的雨衣能引起车辆和行人注意！

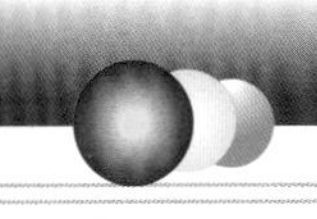

雪天骑车路面滑　下车推行最保险

18. 雪天骑车防滑倒

厚厚的积雪会让骑行变得困难，结冰后湿滑的路面更令骑车人望而生畏。冰雪路段骑车极易重心失衡，侧滑摔倒，导致骑车人受伤，严重的甚至会危及生命。

遇冰雪天气，最好不要骑车上路。如果已在途中，可视路面情况采取相应的措施，尤其注意不要在骑行过程中急刹车、猛拐弯。遇雪厚或者路面结冰时，一定要下车推行，不要勉强骑行，以防失控滑倒而遭受伤害。

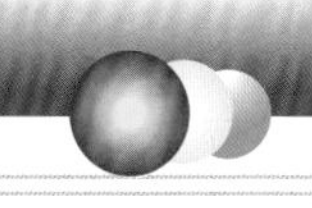

夜间灯光炫人目　不看车灯看右侧

19. 夜间骑车防灯光炫目

夜间迎面驶来机动车射出的耀眼灯光会让骑车人眼前一片白茫茫。如直视对方车灯，会因强光刺激导致视力突然下降，看不清前方道路情况，此时若继续骑车会非常危险。

夜间遇对面驶来的机动车时，要握稳自行车把手，避开灯光看右侧，不要直视来车的灯光。若对面来车开着远光灯，最安全的办法是靠道路右侧下车推行，以免机动车驶近时把不住车把，摔倒受伤。

下坡前刹易翻车　减速提前用后刹

20. 下坡勿单独使用前刹

骑车下坡时，由于重力加速度的作用，车速会越来越快。骑车人如果只用前刹车闸或者使用前刹车闸早于后刹车闸，车辆重心因为惯性自然前移，后轮会随即翘起失去平衡，造成自行车前翻摔倒，甚至连续翻滚，引发交通事故。

骑车下坡或下桥时，要提前使用后刹车闸控制速度，同时两眼密切注视前方路面，随时准备处置路面上出现的各种突发情况。一般情况下不要使用前刹车闸，如确需使用前刹车闸辅助减速时，对前刹车闸的握力一定要小于对后刹车闸的握力。

夜间黑暗难发现　反光车贴保安全

21. 反光设施要齐备

大多数自行车使用一段时间后，夜间反光设施会掉落、损坏或蒙尘。如果自行车上的反光片缺失或者电动自行车的车灯不亮，在夜间照明条件不好、机动车和非机动车混行的路段骑行，会因不易被其他车辆驾驶人发现而引发交通事故，威胁生命安全。

21. 反光设施要齐备

自行车出厂时，车前、车后、前后轮侧面、左右脚蹬上分别装配了反光设施。灯光照射在反光设施上会产生反射光，其他车辆驾驶人就能清晰地看到自行车的位置和动态。为了自身的安全，骑车人一定要保护好这些反光设施，如发现损坏要及时维修。

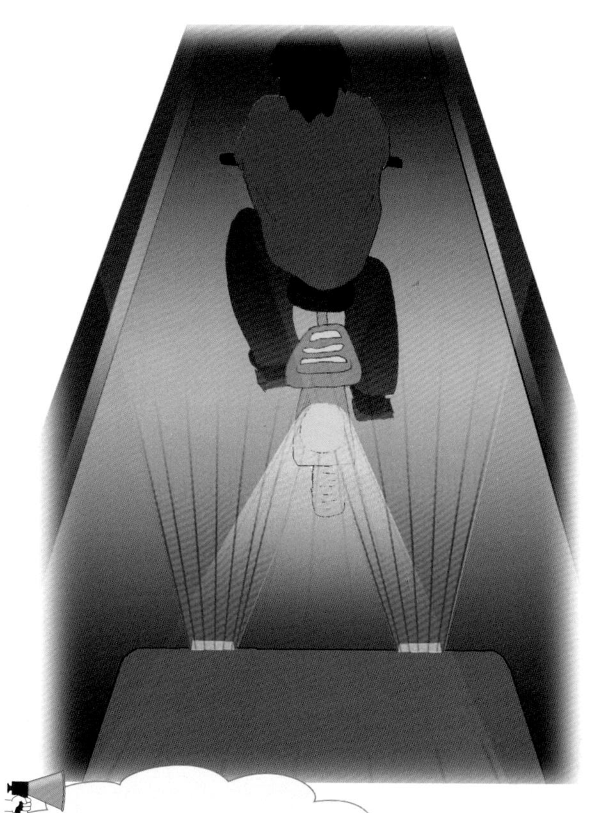

反光片在夜间遇灯光照射会发亮，
能清晰显示车辆位置和动态！

盲区骑车不安全　谨防转弯内轮差

22. 注意汽车的盲区和内轮差

机动车驾驶人在车内看不到的区域称为机动车的盲区。如果骑车人处在机动车的盲区里，不易被驾驶人察觉，很容易被剐碰。一定不要在机动车的盲区内骑行，

骑车进入机动车盲区，
不易被发现。

尤其遇到大型车辆时，更要小心谨慎，因为它的盲区范围更大。

机动车在转弯时，转弯一侧的前后轮不在一条轨迹上。前内轮转弯半径与后内轮转弯半径之差就是机动车的内轮差。大型车的内轮差要比小型车的内轮差大得多。骑车遇到机动车转弯时，要远离机动车，千万不要认为前轮没有碰到自己，后轮就一定不会碰到。骑车人若忽视内轮差，不及时采取躲避措施，很容易被车轮碾压。

要注意转弯大型车的内轮差！

超速行驶危害大　遵守法规不超速

23. 骑电动自行车严禁超速

电动自行车设计时速一般不超过 15 公里，其刹车系统与设计时速相匹配。如果擅自改装电动自行车，并超速行驶，一旦遇到突发情况，根本刹不住车。同时，电动自行车没有任何防护装置，如果与机动车发生碰撞，会对骑车人造成伤害。

电动自行车无论性能多好，都不能进入机动车道超速行驶。骑电动自行车要严格遵守法律规定，在非机动车道行驶，最高速度不得超过 15 公里 / 小时，同时还要注意避让其他非机动车。

随意逆行藏险情　顺向骑行保畅通

24. 骑车不能随意逆行

有些人为了图方便，常常骑车逆行，在车流中见缝插针。正常行驶的机动车驾驶人猛然看到逆向来车，往往来不及躲避，引发碰撞事故。

逆行是一种严重交通违法行为，不仅扰乱正常的交通秩序，造成交通拥堵，还潜藏着很大的安全隐患。一旦发生交通事故，逆行者必须负全责。因此，骑自行车或电动自行车时不要心存侥幸，要严格遵守交通规则，顺向骑行。